变压器

Transformer Test Manual

国网宁波供电公司变电检修室　组编

主　编　陈建武

参　编　姜炯挺　金雪林　张思宾　赖靖胤

　　　　王　纶　安　磊　杨劲松

主　审　王绪军　马丽军

内 容 提 要

本书详细介绍了变压器部分常规例行试验，从试验原理、方法、标准都作了详细介绍。全书共分八章，主要内容有变压器本体绝缘电阻和吸收比试验、变压器绕组连同套管直流电阻试验、变压器低电压短路阻抗试验、变压器分接开关特性试验、变压器绕组变形试验、变压器绕组介质损耗 $\tan\delta$ 及电容量试验、变压器高压套管介质损耗 $\tan\delta$ 及电容量试验、变压器变比试验等。

本书可作为从事变压器试验的检修人员、试验人员及运行人员培训教材。

图书在版编目（CIP）数据

电气试验一本通．变压器/国网宁波供电公司变电检修室组编．—北京：中国电力出版社，2019.9（2025.1 重印）

ISBN 978－7－5198－3653－5

Ⅰ.①电…　Ⅱ.①国…　Ⅲ.①电气设备—试验　Ⅳ.①TM64－33

中国版本图书馆 CIP 数据核字（2019）第 192041 号

出版发行：中国电力出版社
地　　址：北京市东城区北京站西街 19 号（邮政编码 100005）
网　　址：http://www.cepp.sgcc.com.cn
责任编辑：孙　芳（010－63412381）
责任校对：黄　蓓　郝军燕
装帧设计：王红柳
责任印制：吴　迪

印　　刷：北京世纪东方数印科技有限公司
版　　次：2019 年 9 月第一版
印　　次：2025 年 1 月北京第四次印刷
开　　本：700 毫米×1000 毫米　32 开本
印　　张：2.125
字　　数：49 千字
印　　数：3101—3600 册
定　　价：25.00 元

前言

随着状态检修工作的深入开展，以电气设备试验数据分析为主的输变电设备状态评价工作已越显重要。而电气试验数据的来源离不开电气试验工作，当前国家电网有限公司“三型两网”体系建设的深入推进对电气试验岗位技能建设提出了更高的要求，电气试验的基本技能培训工作越来越重要了。目前的教材主要停留在原理的学习上，对于初学者、一线工作者并不很适用。在此背景下，我们组织电气试验专业的多名专家，依据最新的国家、电力行业和企业标准，结合生产现场实际试验工作中的经验和具体工作的典型案例，编制了《电气试验一本通　变压器》《电气试验一本通　断路器》和《电气试验一本通　避雷器》3本系列培训教材。通过着重介绍试验流程、危险点分析、试验仪器、判断标准等，提升员工的现场实践技能水平。

本书是本套系列教材中的一本，叙述了变压器常规例行试验，从试验原理、方法、标准都作了详细介绍。全书共分八章，主要内容有变压器本体绝缘电阻和吸收比试验、变压器绕组连同套管直流电阻试验、变压器低电压短路阻抗试验、变压器分接开关特性试验、变压器绕组变形试验、变压器绕组介质损耗 $\tan\delta$ 及电容量试验、变压器高压套管介质损耗 $\tan\delta$ 及电容量试验、变压器变比试验等。

限于作者水平，虽对书稿进行了反复推敲，但难免仍会存在疏漏与不足之处，恳请读者谅解并批评指正！

作者

2019年8月

目录

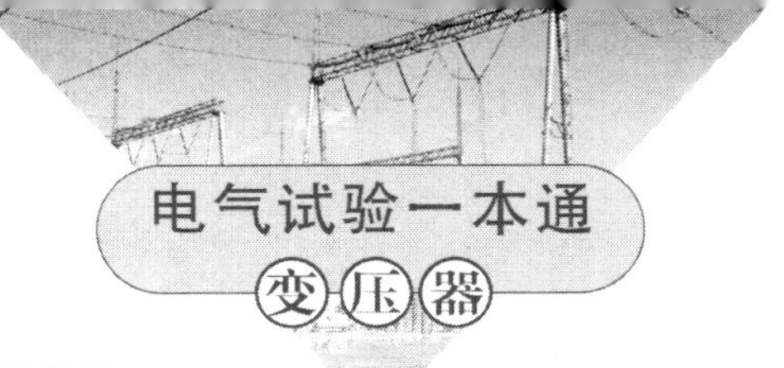

第一章 变压器本体绝缘电阻和吸收比试验

一、 测试依据

1.《国家电网公司电力安全工作规程　变电部分》（Q/GDW 1799.1—2013）

2.《输变电设备状态检修试验规程》（Q/GDW 1168—2013）

3.《电气装置安装工程电气设备交接试验标准》（GB 50150—2016）

二、 测试标准

1. 例行试验

（1）基准周期：110（66）kV及以上为3年。

（2）标准要求：

1）无显著下降。

2）吸收比大于或等于1.3、极化指数大于或等于1.5、绝缘电阻大于或等于10000MΩ（注意值）。

2. 交接试验

标准要求：

（1）绝缘电阻不低于出厂值的70%（大于10000MΩ不考虑）。

（2）吸收比常温下应不小于1.3。

（3）电压等级为220kV及以上且容量为1200MVA及以上时，应测量极化指数；极化指数在常温下应不小于1.5。

三、 试验目的

测量变压器绕组绝缘电阻、吸收比或极化指数，能有效地检查出变压器绝缘整体受潮、部件表面受潮或脏污以及贯穿性的集中缺陷。

四、 试验前准备

1. 了解被试设备现场情况及试验条件

查阅相关技术资料，包括该设备出厂试验数据、历年试验数据及相关规程等，掌握该设备运行及缺陷情况。

2. 测试仪器、设备准备

选择绝缘电阻测试仪 AVO、温湿度计、测试线、接地线、安全带、安全帽、电工常用工具、围栏、警灯等，并查阅测试仪器、设备及绝缘工器具的校验证书有效期、相关技术资料、相关规程等。

五、 测试仪器选择

测量变压器绕组连同套管对地绝缘电阻时，额定电压为1000V 以上额定绕组用 2500V 绝缘电阻表的量程一般不低于10000MΩ；额定电压为 1000V 及以下额定绕组用 1000V 绝缘电阻表。常用仪器如图 1-1 所示。

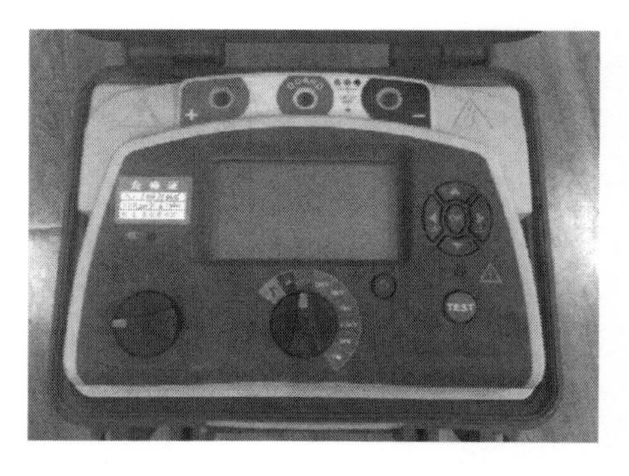

图 1-1　绝缘电阻表（兆欧表）

六、 危险点分析与预防措施

1. 防止高处坠落

应使用变压器专用爬梯上、下，在变压器上作业应系好安全带。对 110kV 及以上变压器，需解开高压套管引线时，宜使用升高车，并系好安全带，严禁徒手攀爬变压器高压套管。

2. 防止高处落物伤人

高处作业宜使用工具袋，上、下传递物件用绳索拴牢传递，严禁抛掷。

3. 防止作业人员触电

拆、接试验接线，应将被试设备对地充分放电，以防止剩余电荷、感应电压伤人及影响测试结果。试验接线正确、牢固，试验人员精力集中。试验人员之间应分工明确，测量时应加强配合及监护，测量过程中要高声呼唱。

七、 测试原理

变压器绝缘电阻测试原理图如图 1 - 2 所示。

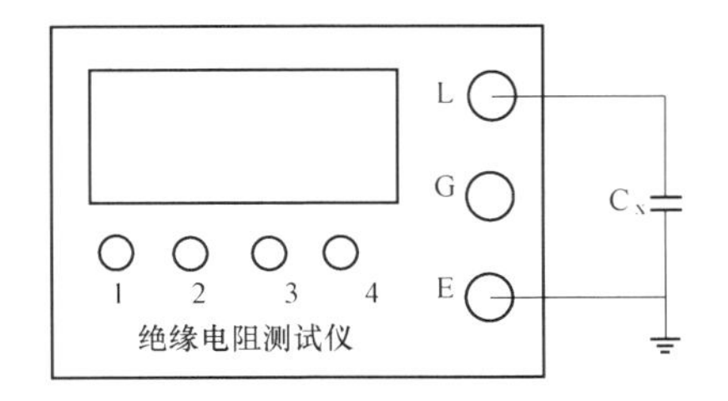

图 1 - 2　变压器绝缘电阻测试原理图

1—电源开关；2—电压选择；3—测试按钮；4—停止按钮；

L—线路端子；G—屏蔽端子；E—接地端子；C_x—试品

八、 试验接线

1. 绝缘电阻试验

变压器绝缘电阻测试接线图如图 1 - 3 所示。

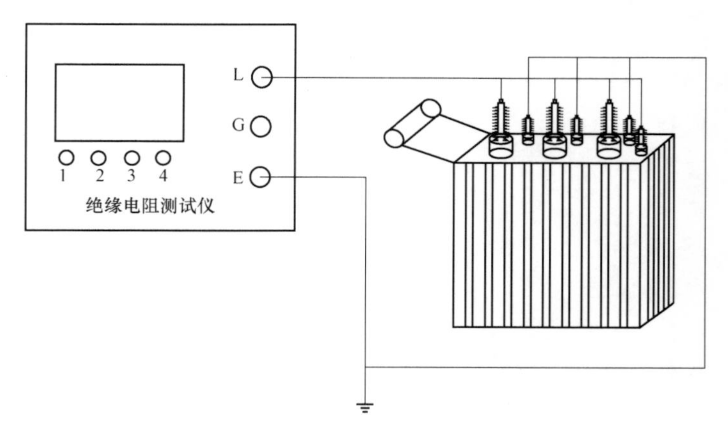

图 1 - 3　变压器绝缘电阻测试接线图

1—电源开关；2—电压选择；3—测试按钮；4—停止按钮；

L—线路端子；G—屏蔽端子；E—接地端子

2. 使用仪器

绝缘电阻表输出接线图如图 1 - 4 所示。

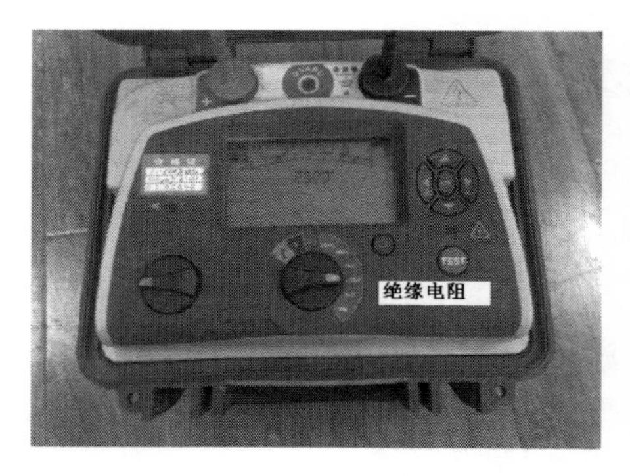

图 1 - 4　绝缘电阻表输出接线图

九、 试验步骤

变压器绕组连同套管对地绝缘电阻的测试步骤如下：

（1）拆除或断开变压器套管的一切连接线。

（2）变压器按图 1－3 进行接线，经检查确认无误后，用绝缘电阻测试仪的相应挡位测试变压器绕组绝缘的绝缘电阻，分别读取 15s、60s、10min 绝缘电阻数值，并做好记录。

（3）对变压器测试部位放电接地，并按表 1－1 测试项目依次进行测试。

（4）吸收比、极化指数测试。分别在 15s、60s、10min 读取的绝缘电阻值 R_{15s}、R_{60s}、R_{10min}用式（1－1）进行计算。

$$K = R_{60s}/R_{15s} \qquad P = R_{10min}/R_{60s} \tag{1-1}$$

式中 K——吸收比；

P——极化指数。

表 1－1 电力变压器绝缘电阻测试项目

序号	双绕组		三绕组	
	被测部位	接地部位	被测部位	接地部位
1	低压	高压、铁芯、外壳	低压	高压、中压、铁芯、外壳
2	—	—	中压	高压、低压、铁芯、外壳
3	高压	低压、铁芯、外壳	高压	中压、中压、铁芯、外壳

十、 现场操作要点及试验注意事项

（1）每次试验应选用相同电压、相同型号的绝缘电阻测试仪。

（2）非被测部位短路接地要良好，不要接到变压器有油漆覆盖的地方，以免影响测试结果。

（3）测量应在天气良好的情况下进行，且空气相对湿度不高于 80%。若遇天气潮湿、套管表面脏污，则需要进行“屏蔽”测量。

（4）因为残余电荷会直接影响绝缘电阻及吸收比的数值，所以变压器接地放电时间至少在 2min 以上。

（5）变压器测试的外部条件（指一次引线）应与前次条件相同，最好能将变压器一次引线解脱进行测试。

（6）禁止在有雷电或邻近高压设备时使用绝缘电阻测试仪，以免发生危险。

十一、 测试结果分析与报告编写

1. 测试标准及要求

（1）绝缘电阻换算至同一温度下，与出厂试验值或前一次测试结果相比，绝缘电阻值应不低于 70%，其换算公式为

$$R_2 = R_1 \times 1.5^{(t_1 - t_2)}/10$$

式中 R_1、R_2——温度为 t_1、t_2 时的绝缘电阻值，MΩ。

（2）测量温度以变压器上层油温为准，尽量在油温低于 50℃ 时测量，使每次测量温度尽量相同。

（3）35kV 及以上变压器测量吸收比（极化指数），吸收比大于或等于 1.3、极化指数大于或等于 1.5、绝缘电阻大于或等于 10000MΩ（注意值）。

2. 测试报告编写

编写报告时项目要齐全，包括测试人员、天气情况、环境温度、环境湿度、设备双重命名、设备参数、试验性质（交接、检查、例行、诊断）、测试结果、试验结论、试验仪器名称型号及出厂编号，备注栏应写明其他需要注意的内容，如是否拆除引线等。试验数据如表 1-2 所示。

表 1-2 变压器绕组绝缘测试数据

测试部位	绝缘电阻（MΩ）		吸收比	极化指数
	R_{15s}	R_{60s}	R_{60s}/R_{15s}	R_{10min}/R_{60s}
高压对中、低压及地				
中压对高、低压及地				
低压对高、低压及地				

第二章 变压器绕组连同套管直流电阻试验

一、 测试依据

1.《国家电网公司电力安全工作规程 变电部分》（Q/GDW 1799.1—2013）

2.《输变电设备状态检修试验规程》（Q/GDW 1168—2013）

3. 电气装置安装工程电气设备交接试验标准（GB 50150—2016）

二、 测试标准

（一）例行试验

（1）基准周期：110（66）kV及以上为3年。

（2）标准要求：

1）1.6MVA以上变压器，各相绕组电阻相间的差别不应大于三相平均值的2%（警示值），无中性点引出的绕组，线间差别不应大于三相平均值的1%（注意值）。

2）1.6MVA及以下的变压器，相间差别一般不大于三相平均值的4%（警示值），线间差别一般不大于三相平均值的2%（注意值）。

3）同相初值差不超过±2%（警示值）。

（二）交接试验

标准要求：

（1）1600kVA及以下三相变压器，各相绕组相互间的差别不应大于4%。

（2）无中性点引出的绕组，线间绕组相互间的差别不应大于2%。

(3) 1600kVA以上三相变压器，各相绕组相互间的差别不应大于2%。

(4) 无中性点引出的绕组，线间绕组相互间的差别不应大于1%。

三、 试验目的

测试变压器绕组连同套管的直流电阻，可以检查出内部导线接头、引线与绕组接头的焊接质量、电压分接开关各个分接位置及引线与套管的接触是否良好、并联支路连接是否正确、变压器载流部分有无断路、接触不良以及绕组有无短路现象。

四、 试验前准备

1. 了解被试设备现场情况及试验条件

查阅相关技术资料，包括该设备出厂试验数据、历年试验数据及相关规程等，掌握该设备运行及缺陷情况。

2. 测试仪器、设备的准备

选择合适的被试变压器直流电阻仪（BZC3391）、测试线（夹）、温（湿）度计、接地线、放电棒、万用表、电源盘（带漏电保护）、安全带、安全帽、电工常用工具、试验临时安全遮栏、标示牌等，并查阅测试仪器、设备及绝缘工器具的检定证书有效期。

3. 办理工作票并做好试验现场安全和技术措施

工作负责人向试验人员交代工作内容、带电部位、现场安全措施、现场作业危险点，明确人员分工及试验程序。

五、 测试仪器选择

根据变压器容量及测试要求，对直流电阻仪主要参数进行如下选择：35kV 及以上变压器通常使用直流测试仪 BZC3391（可三相、单相），如图 2 - 1 所示。

图 2 - 1　直流测试仪 BZC3391

六、 危险点分析与预防措施

（1）防止高处坠落。应使用变压器专用爬梯上、下，在变压器上作业系好安全带。对 110kV 及以上变压器，需解开高压套管引线时，宜使用高空作业车，严禁徒手攀爬变压器高压套管。

（2）防止高处落物伤人。高处作业应使用工具袋，上、下传递物件应使用绳索拴牢传递，严禁抛掷。

（3）防止工作人员触电。

（4）拆、接试验接线前，应将被试设备对地充分放电；在充、放电过程中，严禁人员触及变压器套管金属部分；测量引线要连接牢固，试验仪器的金属外壳应可靠接地。

（5）防止试验仪器损坏。

（6）防止方向感应电动势损坏测试仪。对无载调压变压器测量时，若需要切换分接挡位，必须停止测试，待测试仪提示“放电”完毕后，方可切换分接开关。测量过程中，不能随意切断电源及更换接在被试品两端的测量连接线。

七、 测试原理

1. 三相测试原理（见图 2 - 2）

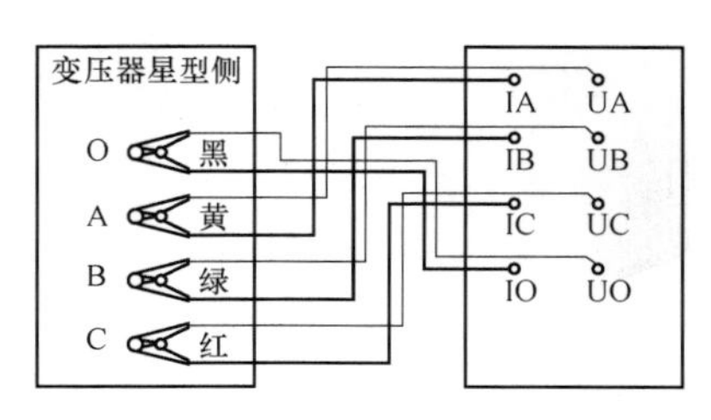

图 2 - 2　三相测试原理示意图

2. 单相测试原理（见图 2 - 3）

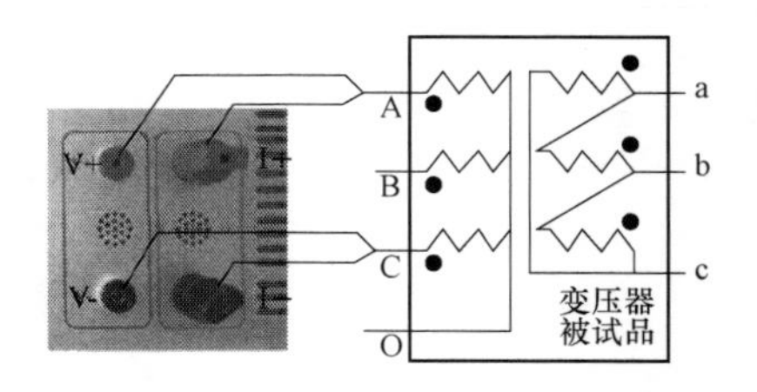

图 2 - 3　单相测试原理示意图

采用电压电流法测量时一般采用四线法测量，以排除引线和接触电阻的影响，测量原理基于欧姆定律 $R=U/I$。对于大型变压器的直流电阻测量，绕组的电感量非常大，测量电流的稳定时间很长，因此往往需要有一套加速充电的装置，否则测量的工效会很低，目前常用的是助磁方法。

八、 试验接线

（1）主变压器高低压绕组（见图 2 - 4）。

（2）铁芯五柱 YND11 变压器助磁测量接线（见图 2 - 5）。

（3）单通道直接测量接线（见图 2 - 6）。

图 2-4　主变压器高低压绕组

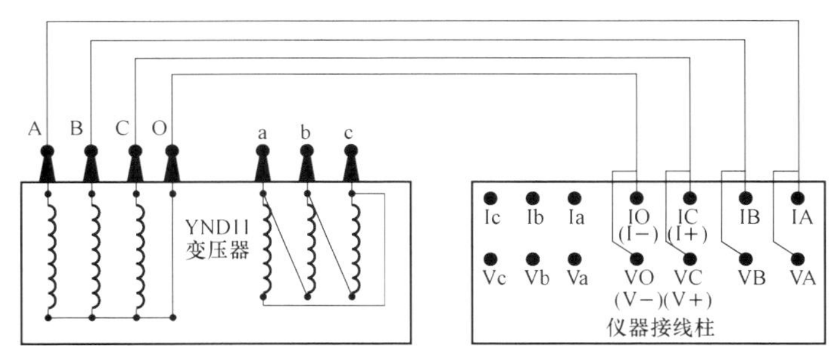

图 2-5　铁芯五柱 YND11 变压器助磁测量接线

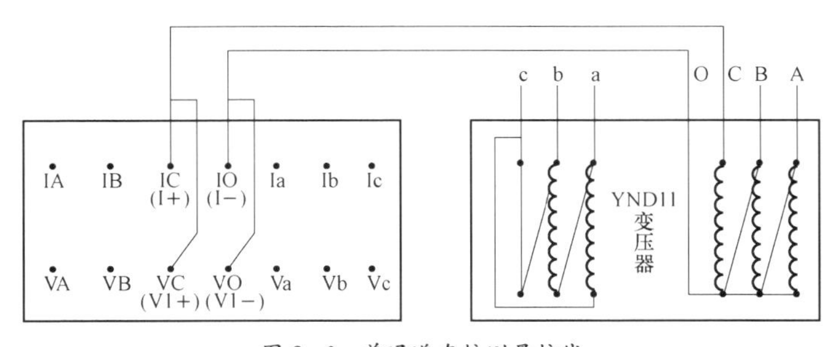

图 2-6　单通道直接测量接线

(4) 接线：把被测试品通过专用电缆与本机的测试接线柱连接，测试电缆的大插片连接电流端，小插片连接电压端。连接牢固，防止松动。同时接好地线。线钳端分别夹在测试试品的线圈电阻两端。

（5）测量被试侧（组）时，其他侧（组）悬空。

九、 试验步骤

（1）拆除变压器高压套管引线。

（2）将导电杆表面擦干净，按照试验接线进行连接，检查无误后，开始试验。

（3）打开直流电阻测试仪，选择合适的测试电流和测试方法（选相和同测）进行测量，读取稳定后的直流电阻（三相同测时需同时记录三相不平衡率）。

1）测试方式选择。仪器测试共有 YN 绕组三相同时测试、YN 绕组三相逐项测试、铁芯五柱低压角接变压器的低压绕组助磁法测试、铁芯三柱低压角接变压器低压绕组选相对测试及普通四端法可供选择。

2）按方式键选择不同的测试方式、测试电流，液晶屏右上角循环显示如图 2-7 所示。

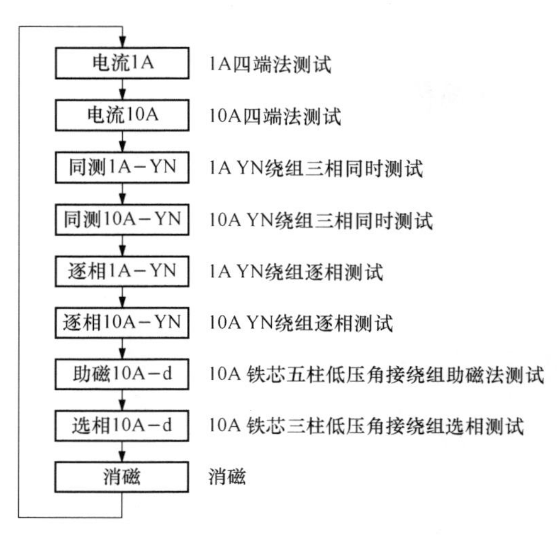

图 2-7 不同测试方式的选择

（4）切换分接开关，依次测量变压器各挡位绕组连同套管直流电阻，变更试验接线，分别测量高、中、低压侧绕组连同套管直流电阻。

（5）测试完毕后进行放电，恢复变压器套管引线，整理试验现场环境。

1）测试放电。仪器测试完毕进行复位按钮进行放电，当“滴滴滴”声结束，表示放电完毕，关闭仪器电源，拉开电源隔离开关。变压器直流电阻测试仪如图 2-8 所示。

图 2-8 变压器直流电阻测试仪

2）被试设备放电。对被试品进行放电需在仪器、电源断开后，用放电棒对被试品高压端进行放电，放电完毕后进行短路接地。

十、 现场操作要点

（1）三相变压器有中性点引出线时，应测量各相绕组的电阻；无中性点引出线时，可以测量线间电阻。

（2）残余电荷的影响。若变压器在上一次试验后，放电时间不充分，变压器内积聚的电荷没有放净，仍积滞有一定的残余电荷，特别对大型变压器的充电时间会有直接影响。

（3）温度对直流电阻影响很大，应准确记录被试绕组的温度。测量必须在绕组温度稳定的情况下进行。要求绕组与环境温度相差不超过 3℃，在温度稳定的情况下，一般可用变压器的上层油温作为绕组温度，测量时应做好记录。

（4）在对有载调压变压器进行测量时，在测量前应将有载分接开关从 1→n、n→1 来回转动数次，以消除分接开关触头氧化或不清洁等因素的影响。

（5）变压器在注油时不宜测量绕组直流电阻。

十一、 测试结果分析与报告编写

1. 试验标准及要求

（1）1.6MVA 以上变压器，各项绕组电阻相互间的差别，不应大于三相平均值的 2%，无中性点引出的绕组，线间差别不应大于三相平均值的 1%；三相不平衡率较初始值变化量大于 0.5%应引起注意，大于 1%应查明处理。

（2）1.6MVA 及以下变压器，相间差别一般不应大于三相平均值的 4%；线间差别一般不应大于三相平均值的 2%。

（3）各相绕组电阻与以前相同部位、相同温度下的历次结果相比，其差别不应大于 2%，当超过 1%时应引起注意。

2. 测试报告的编写

编写报告时项目要齐全，包括测试人员、天气情况、环境温度、环境湿度、设备运行编号（双重编号）、设备参数、试验性质、测试结果、试验结论、试验仪器名称型号及出厂编号，备注栏应写明其他需要注意的内容，如是否拆除引线等。

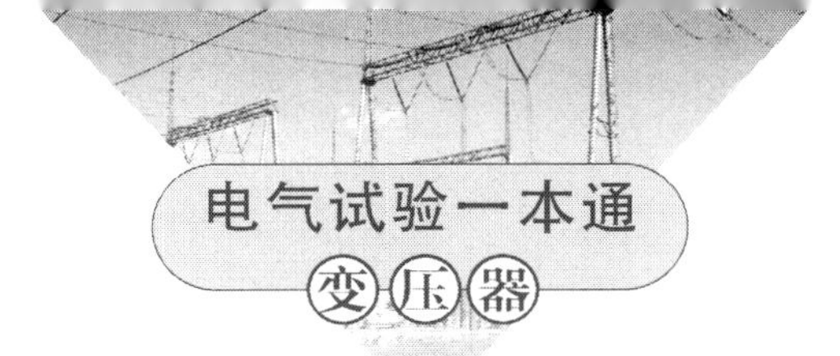

第三章 变压器低电压短路阻抗试验

一、 测试依据

1.《电气装置安装工程电气设备交接试验标准》(GB 50150—2016)

2.《电力变压器绕组变形的电抗法检测判断导则》(DL/T 1093—2008)

3.《输变电设备状态检修试验规程》(Q/GDW 1168—2013)

4.《国家电网公司电力安全工作规程　变电部分》(Q/GDW 1799.1—2013)

二、 测试标准

诊断绕组是否发生变形时的试验方法参见 DL/T 1093。宜在最大分接位置和相同电流下测量。试验电流可采用额定电流，也可低于额定电流值，但不宜小于 5A。

不同容量及电压等级的变压器要求分别如下：

(1) 容量 100MVA 及以下且电压等级 220kV 以下的变压器，初值差不超过±2%。

(2) 容量 100MVA 以上或电压等级 220kV 以上的变压器，初值差不超过±1.6%。

(3) 容量 100MVA 及以下且电压等级 220kV 以下的变压器三相之间的最大相对互差不应大于 2.5%。

(4) 容量 100MVA 以上或电压等级 220kV 以上的变压器三相之间的最大相对互差不应大于 2%。

三、 试验目的

测量短路损耗和阻抗电压，以便确定变压器的并列运行条件，计算变压器的效率、热稳定和动稳定，计算变压器二次侧的电压变动率以及确定变压器的温升。通过变压器短路试验，可以发现的缺陷有变压器的各结构件（屏蔽、压环和电容环、轭铁梁板等）或油箱壁中因漏磁通所引起的附加损耗过大和局部过热、油箱箱盖或套管法兰等附件损耗过大和局部过热、带负荷调压的电抗绕组匝间短路、大型电力变压器低压绕组中并联导线间短路或换位错误。这些缺陷均可能使附加损耗显著增大。通过测量阻抗电压可以发现在运行中变压器出口侧发生短路，变压器内部几何尺寸的改变。

四、 试验前准备

1. 了解被试设备现场情况及试验条件

查勘现场，查阅相关技术资料，包括该设备出厂试验数据、历年试验数据及相关规程等，掌握该设备运行及缺陷情况。

2. 测试仪器、设备的准备

选择合适的被试变压器低电压短路阻抗测试仪、测试线（夹）、温（湿）度计、接地线、短路线、放电棒、万用表、电源盘（带漏电保护）、安全带、安全帽、电工常用工具、试验临时安全遮栏、标示牌等，并查阅测试仪器、设备及绝缘工器具的检定证书有效期。

3. 办理工作票并做好试验现场安全和技术措施

工作负责人向试验人员交代工作内容、带电部位、现场安全措施、现场作业危险点，明确人员分工及试验程序。

五、 测试仪器选择

HCZK－Ⅱ变压器短路阻抗测试仪如图 3－1 所示。

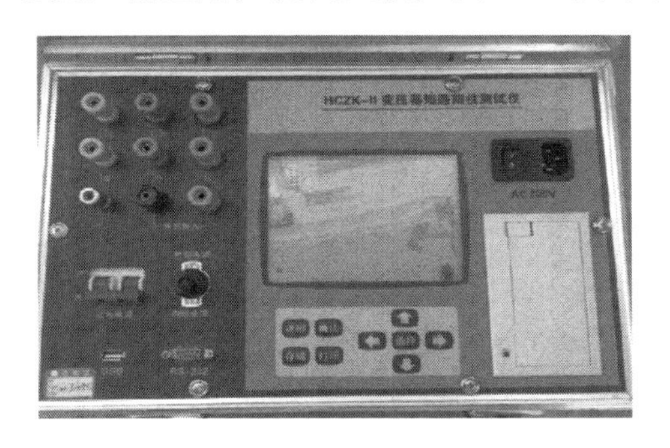

图 3－1　HCZK－Ⅱ变压器短路阻抗测试仪

六、 危险点分析与预防措施

1. 防止高处坠落

（1）应使用变压器专用爬梯上、下，在变压器上作业系好安全带。

（2）对 110kV 及以上变压器，需解开高压套管引线时，宜使用高空作业车，严禁徒手攀爬变压器高压套管。

2. 防止高处落物伤人

高处作业应使用工具袋，上、下传递物件应使用绳索拴牢传递，严禁抛掷。

3. 防止工作人员触电

（1）拆、接试验接线前，应将被试设备对地充分放电。

（2）在充、放电过程中，严禁人员触及变压器套管金属部分。

（3）测量引线要连接牢固，试验仪器的金属外壳应可靠接地。

（4）试验现场应设专用围栏，不允许有交叉作业。

七、 测试原理

三相变压器短路试验直接测量接线图如图 3-2 所示，电力变压器短路试验接线表见表 3-1。

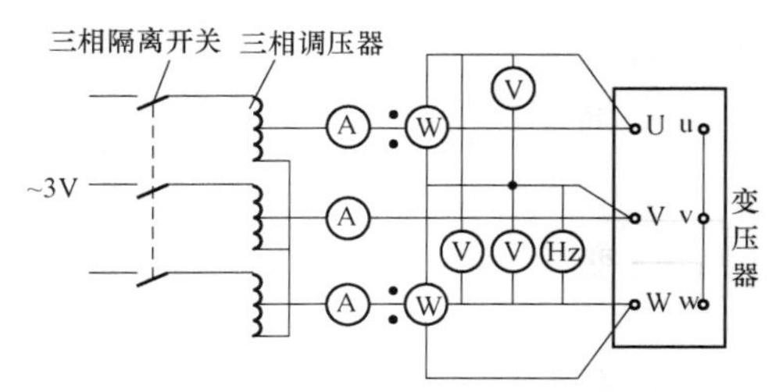

图 3-2 三相变压器短路试验直接测量接线图

表 3-1 电力变压器短路试验接线表

双绕组		三绕组		
加压部位	短路部件	加压部件	短路部件	开路部位
U、V、W	u、v、w	U、V、W	u、v、w	Um、Vm、Wm
		Um、Vm、Wm		U、V、W

八、 试验接线

选择单相或三相测量接线如图 3-3、图 3-4 所示，并将变压器和仪器接线接好；如图 3-5 所示，进入仪器选择界面，“选择三相阻抗”；如图 3-6 所示，按照试验要求，对各项参数进行设置，重点设置额定容量、分接电压、试品油温等参数。

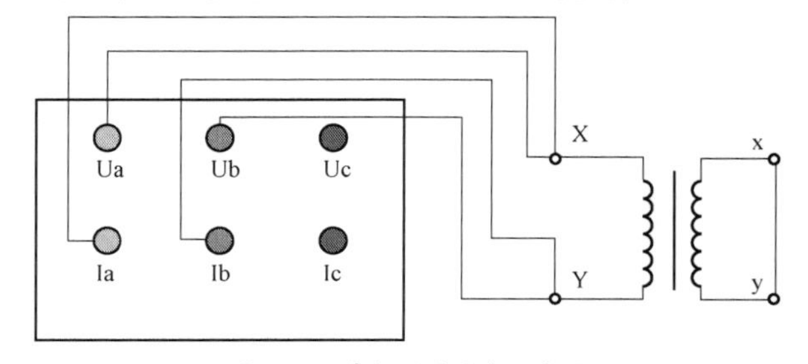

图 3-3 单相测量接线示意图

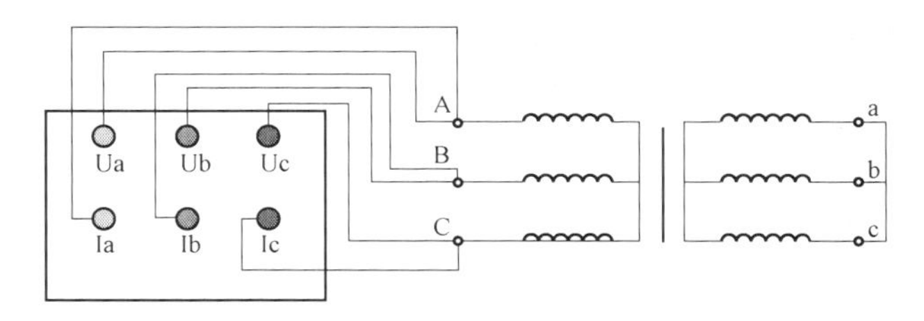

图 3-4　三相测量接线示意图

图 3-5　变压器短路阻抗测试仪选择界面

图 3-6　仪器参数设置

九、 试验步骤

（1）拆除变压器各侧套管引线。

（2）按照试验接线要求进行连接和短接。

（3）切换有载分接开关至要求位置。

（4）打开低电压短路阻抗测试仪，进行参数设置和测量模式选择，设置完毕后开始测试。

（5）测试结束后，读取测试结果并记录。

（6）测试完毕后对被试品进行放电，恢复变压器套管引线，整理试验现场环境。

十、 现场操作要点

（1）在低压侧用的短路线，与变压器连接处必须接触良好，且短路线截面积所取电流密度不得小于试验时施加的电流。

（2）接地端子应可靠接地。

（3）测试时注意变压器分接开关位置，测试前应输入正确合理的辅助参数。

（4）试验用的导线必须有足够的截面，而且应尽可能短，连接处必须接触良好。

（5）试验一般在冷状态下进行。对刚退出运行的变压器，必须待绕组温度降至油温时，才能进行试验。试验后应将结果换算到额定温度。

（6）要求短路试验在额定频率 50×（1±5%）Hz、额定电流下进行，若不能满足要求，则试验后应将结果换算至额定值。

十一、 测试结果分析与报告编写

1. 试验标准及要求

（1）诊断绕组是否发生变形时进行本项目。试验方法参见

DL/T 1093。宜在最大分接位置和相同电流下测量。试验电流可采用额定电流，也可低于额定电流值，但不宜小于5A。

（2）不同容量及电压等级的变压器，要求分别如下：

1）容量100MVA及以下且电压等级220kV以下的变压器，初值差不超过±2%。

2）容量100MVA以上或电压等级220kV以上的变压器，初值差不超过±1.6%。

3）容量100MVA及以下且电压等级220kV以下的变压器三相之间的最大相对互差不应大于2.5%。

4）容量100MVA以上或电压等级220kV以上的变压器三相之间的最大相对互差不应大于2%。

2. 测试报告的编写

编写报告时项目要齐全，包括测试条件、天气情况、环境温度、环境湿度、设备运行编号（双重编号）、设备参数、试验性质、测试结果、试验结论、试验仪器名称型号及出厂编号，备注栏应写明其他需要注意的内容，如是否拆除引线等。

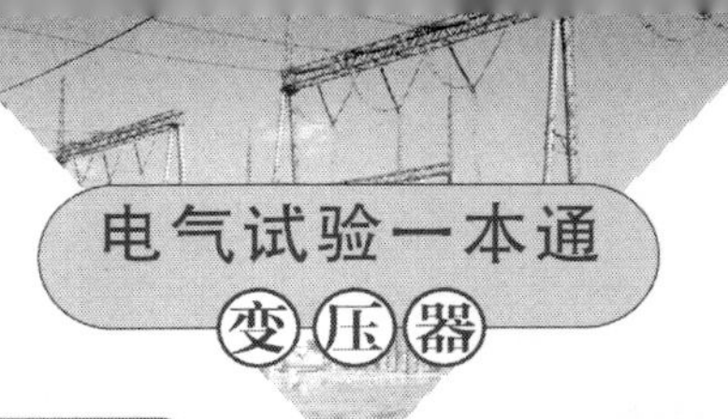

第四章 变压器分接开关特性试验

一、 测试依据

1.《电气装置安装工程电气设备交接试验标准》（GB 50150—2016）

2.《10kV～500kV 输变电设备交接试验规程》（Q/GDW 11447—2015）

3.《输变电状态检修规程》（Q/GDW 1168—2013）

二、 测试标准

1. 例行试验

（1）基准周期：110（66）kV 及以上为 3 年。

（2）标准要求：

1）触头动作顺序应符合制造厂的技术要求。

2）切换过程中无突停、连动等异常迹象。

3）电气和机构限位动作正确。

4）有载调压装置的测量分接变换程序、电流连续性、三相开断不同步时间符合设计技术文件要求。

5）与制造企业技术要求相符。

6）测试电流无断流。

7）三相开断时间不同步时间不大于 3ms。

2. 投产试验

标准要求：

（1）在变压器无电压下，有载分接开关的手动操作不应少于 2 个循环、电动操作不应少于 5 个循环，其中电动操作时电源电压应为额定电压的85%及以上。

(2) 操作应无卡涩，连动程序、电气和机械限位应正常。

(3) 循环操作后，所有分接的直流电阻和变比测量，试验结果应符合标准。

(4) 在变压器带电条件下进行有载调压开关电动操作，动作应正常。

(5) 操作过程中，各侧电压应在系统电压允许范围内。

三、 试验目的

检查变压器有载分接开关的切换开关的切换程序、过渡时间、过渡波形、过渡电阻等是否正常，并与原始数据进行比较，可以发现变压器经过运输、安装后开关内部有无变形、卡、螺栓松动现象。同时也可确定开关各部件所处位置是否正确等。而变压器在运行中检查有载分解开关，可以发现触电的烧损情况、触点动作是否灵活、切换时间有无变化、主弹簧是否疲劳变形、过渡电阻值是否发生变化等缺陷。

四、 试验设备

1. 了解被试设备现场情况及试验条件

查阅相关技术资料，包括该设备出厂试验数据、历年试验数据及相关规程等，掌握该设备运行及缺陷情况。

2. 试验仪器 、设备的准备

选择合适的测量变压器有载分接开关的测试仪、温度计、专用测试线、接地线、万用表、电源盘、电工常用工具、试验临时安全遮栏、标示牌等，并查阅测试仪器、设备及绝缘工器具的检定证书有效期、相关技术资料、相关规程等。

3. 办理工作票并做好成员交代

主要包括工作内容、带电部位、现场安全措施、现场作业危险点、明确人员分工及试验程序。

五、 测试仪器的选择

（1）测量有载分接开关接触电阻、过渡电阻，应选有载分接开关测试仪。

（2）测量有载分接开关过渡电阻、过渡波形，一般应选用有载分接开关测试仪。

六、 危险点分析与预控措施

1. 防止高处跌落

（1）应使用变压器专用爬梯上、下，在变压器上作业应系好安全带。

（2）对 110kV 及以上变压器，需解开高压套管引线时，宜使用高处作业车，严禁徒手攀爬变压器高压套管。

2. 防止高处落物伤人

（1）高处作业应使用工具袋。

（2）上、下传递物件应用绳索拴牢传递，严禁抛掷。

3. 防止工作人员触电

拆、接试验接线，应将变压器各绕组对地充分放电，以防止剩余电荷、感应电压伤人及影响测量结果。

4. 防止工作人员受到机械损伤

有载分接开关在连同变压器绕组一起测量时，在转动有载分接开关前，通知相关人员离开有载分接开关传动部位。在对 M 形有载分接开关切换部分进行测量接触电阻以及单独对切换进行过渡时间、过渡波形测量时，用手动切换单、双数挡，要采取防滑措施，以免机枪损伤试验人员。

七、 试验接线

使用有载分接开关测试仪，将测试仪配置的测试线分别接于变压器高压侧 A、B、C 三相的套管上，共用接线在变压器中性点套管上，变压器中压侧、低压侧短路接地，按图 4－1 进行接线，且接触良好、牢固。在有分接开关动作时，线夹不应松动、脱落。

1. 原理接线图

变压器有载分接开关特性测试原理接线图如图 4－1 所示。

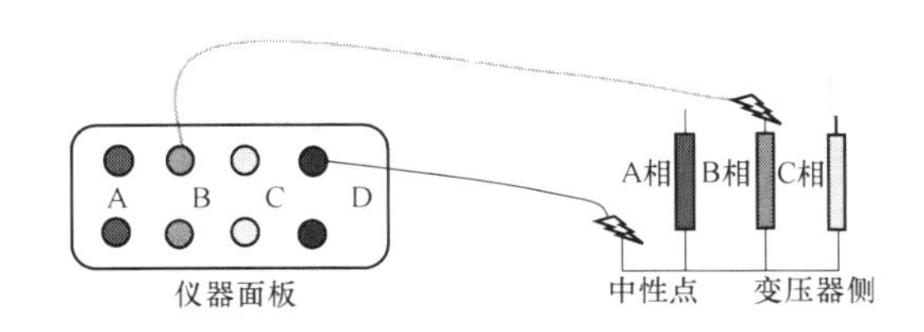

图 4－1 变压器有载分接开关特性测试原理接线图

2. 仪器面板图和操作界面图

仪器面板图及操作界面图如图 4－2 和图 4－3 所示。

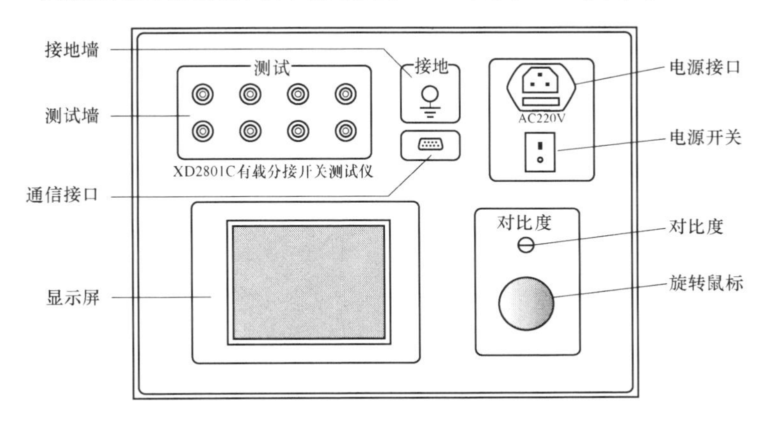

图 4－2 仪器面板图

图 4-3 操作界面图

八、 试验步骤

先打开测试仪电源开关，严格按测试仪使用说明书进行操作，带测试仪进入测量（带触发）状态下，操作有载分接开关机构箱进行挡位变化，并记录下过渡波形。通过 2 次操作分别测量出有载分解开关的单-双、双-单的过渡波形及过渡时间。

九、 试验注意事项

（1）感应电压的影响。运行中的变电站由于母线及其他设备带电，如果不将变压器高压侧引线解开，它会使测量的过渡电阻波形失真，影响测量结果。

（2）静电及残余电荷的影响。

1）因为绝缘油在变压器内部流动，会在绕组上产生静电感应，使测量的过渡波形失真，影响测量结果，所以在往变压器注油的过程中，不宜进行过渡时间、过渡波形的测量。

2）变压器在停电后或其他试验结束后，在绕组中会有电荷存在，无论怎样放电，其电荷都不能完全放干净，而此时测量过渡波形，受剩余电荷的影响，就会使测量的过渡波形失真，影响测量结果。因此，变压器非测量侧应短路接地，且接地良好。

（3）触头表面油膜及杂质对接触电阻的影响。因为未经使用的变压器分接开关的触头表面有一层油膜，或者变压器长期处于某一挡位下运行，其触头表面有一层油膜及杂质，所以变压器在运行时由于电压、电流的作用会被击穿。因此在测量前，应将变压器分接开关进行切换，不低于一个循环，以保证每对触头的接触电阻不小于 500μΩ 且在变压器直流电阻测量中，不发生单数挡位侧或双数挡位侧直流电阻增大的情况。

（4）过渡电阻测量应包含整个回路，这样可以检查电阻与连线及触头之间有无螺栓松动、脱落等现象。

（5）在测量有载分接开关动作顺序时，必须将电动机构的控制电源退出。在记录圈数时不考虑电动机“空转”的圈数。

十、试验结果分析及试验报告编写

1. 测试标准及要求

（1）变压器带电前应进行有载调压切换装置切换试验，检查切换开关切换触头的全部动作顺序，测量过渡电阻阻值和切换时间。测得的过渡电阻阻值、三相同步偏差、切换时间的数值、正反向切换时间偏差均符合制造厂技术要求。因结构原因无法测量，可不进行本项试验。

（2）在变压器无电压下，手动操作不少于 2 个循环、电动操作不少于 5 个循环。其中电动操作时电源电压为额定电压的 85% 及以上。操作无卡涩、连动程序，电气和机械限位正常。

（3）循环操作后进行绕组连同套管在所有分接下直流电阻和电压比测量，试验结果应符合 DL/T 393《输变电设备状态检修试验规程》的要求。

（4）在变压器带电条件下进行有载调压开关电动操作，动作应正常。操作过程中，各侧电压应在系统电压允许范围内。

（5）绝缘油注入切换开关油箱前，其击穿电压符合制造厂的技术要求，击穿电压一般不低于35kV。

2. 试验报告编写

编写报告时项目要齐全，包括测试人员、天气情况、环境温度、环境湿度、设备运行编号（双重编号）、设备参数、试验性质（交接、检查、例行、诊断）、测试结果、试验结论、试验仪器名称型号及出厂编号，备注栏应写明其他需要注意的内容，如是否拆除引线等。变压器有载分接开关特性试验数据见表4-1。

表4-1　　变压器有载分接开关特性试验数据

<table>
<tr><th>变电站</th><th colspan="2"></th><th>试验日期</th><th></th></tr>
<tr><td>运行编号</td><td colspan="2"></td><td>试验目的</td><td></td></tr>
<tr><td>环境温度（℃）</td><td colspan="2"></td><td>环境湿度（%）</td><td></td></tr>
<tr><td>设备型号</td><td colspan="2"></td><td></td><td></td></tr>
<tr><td>额定容量（MVA）</td><td colspan="2"></td><td>额定电压（kV）</td><td></td></tr>
<tr><td>生产厂家</td><td colspan="2"></td><td>接线组别</td><td></td></tr>
<tr><td>出厂日期</td><td colspan="2"></td><td>出厂编号</td><td></td></tr>
<tr><td>变压器油温（℃）</td><td colspan="4"></td></tr>
<tr><td colspan="5">有载分接开关测试</td></tr>
<tr><td rowspan="3">过渡时间（ms）</td><td></td><td>A</td><td>B</td><td>C</td></tr>
<tr><td>单一双</td><td></td><td></td><td></td></tr>
<tr><td>双一单</td><td></td><td></td><td></td></tr>
<tr><td rowspan="3">过渡电阻（Ω）</td><td></td><td>A</td><td>B</td><td>C</td></tr>
<tr><td>双一单</td><td></td><td></td><td></td></tr>
<tr><td>单一双</td><td></td><td></td><td></td></tr>
<tr><td>备注</td><td colspan="4">试验依据：DL/T 393《输变电设备状态检修试验规程》</td></tr>
<tr><td>结论</td><td></td><td></td><td></td><td></td></tr>
<tr><td>试验人员</td><td></td><td></td><td></td><td></td></tr>
<tr><td>审核</td><td></td><td></td><td></td><td></td></tr>
</table>

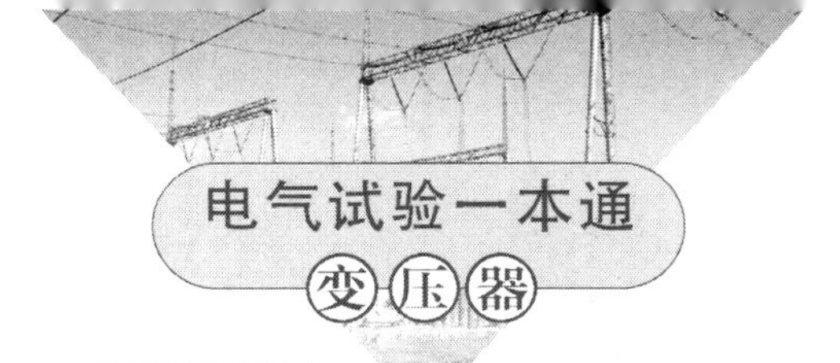

第五章 变压器绕组变形试验

一、 测试依据

1.《国家电网公司电力安全工作规程　变电部分》（Q/GDW 1799.1— 2013）

2.《输变电设备状态检修试验规程》（Q/GDW 1168—2013）

3.《电气装置安装工程电气设备交接试验标准》（GB 50150—2016）

二、 测试标准

诊断性试验标准要求如表 5 - 1 所示。

表 5 - 1　诊断性试验标准要求

绕组变形程度	相关系数 R	绕组变形程度	相关系数 R
严重变形	$R_{LF}<0.6$	轻度变形	$1.0\leqslant R_{LF}<2.0$ 或 $0.6\leqslant R_{MF}<1.0$
明显变形	$0.6\leqslant R_{LF}<1.0$ 或 $R_{MF}<0.6$	正常绕组	$R_{LF}\geqslant 2.0$ 和 $R_{MF}\geqslant 1.0$ 和 $R_{HF}\geqslant 0.6$

注　R_{LF}—低频相关系数，R_{MF}—中频相关系数，R_{HF}—高频相关系数。

进行诊断性试验时，对于 35kV 及以下电压等级变压器，宜采用低电压短路阻抗法；对于 110（66）kV 及以上电压等级变压器，宜采用频率响应法测量绕组特征图谱。

三、 试验目的

电力变压器绕组变形是指在电动力和机械力的作用下，绕组的尺寸或形状发生不可逆转的变化。它包括轴向和径向尺寸的变化、器身位移、绕组扭曲、鼓包和匝间短路等。绕组变形是电力系统安全运行的一大隐患。近几年，随着电力系统容量的增长，短路容量也增大，出口短路后造成绕组损坏事故的数量也有上升趋势。

频响法由绕组一端对地注入扫描信号源，测量绕组两端口特性参数的频域函数。通过分析端口参数的频域图谱特性，判断绕组的结构特征，从而实现诊断绕组变形情况的目的。

四、 试验前准备

1. 了解被试设备现场情况及试验条件

查阅相关技术资料，包括该设备出厂试验数据、历年试验数据及相关规程等，掌握该设备运行及缺陷情况。

2. 测试仪器、设备的准备

选择绕组变形测试仪及配套试验接线、笔记本电脑（安装有绕组变形测试仪配套软件、曲线相关系数计算软件并拷贝有被试变压器绕组变形历史数据存档）、温湿度计、接地线、电源线（带剩余电流动作保护器）、安全带、安全帽、电工常用工具、试验临时安全遮栏、标示牌等，并查阅测试仪器、设备及绝缘工器具的检定证书有效期、相关技术资料、相关规程等。

3. 办理工作票并做好试验现场安全和技术措施

工作负责人向试验人员交代工作内容、带电部位、现场安全措施、现场作业危险点，明确人员分工及试验程序。

五、 测试仪器选择

1. 测试仪器（见图 5 - 1）

2. 绕组变形测试仪

其设计参数（匹配阻抗，频率范围）必须完全符合 DL/T

911《电力变压器绕组变形的频率响应分析法》规定要求，采样点数应在600点以上，有一定抗感应电压能力，配套软件应有曲线相关系数计算分析能力。

图 5-1 绕组变形测试仪

六、 危险点分析与预防措施

1. 防止高处坠落

（1）应使用变压器专用爬梯上、下，在变压器上作业系好安全带。

（2）对 110kV 及以上变压器，需解开高压套管引线时，宜使用高空作业车，严禁徒手攀爬变压器高压套管。

2. 防止高处落物伤人

高处作业应使用工具袋，上、下传递物件应使用绳索拴牢传递，严禁抛掷。

3. 防止工作人员触电

（1）拆、接试验接线前，应将被试设备对地充分放电。

（2）在充、放电过程中，严禁人员触及变压器套管金属部分。

（3）测量引线要连接牢固，试验仪器的金属外壳应可靠接地。

七、 测试原理

测试原理图如图 5-2 所示。

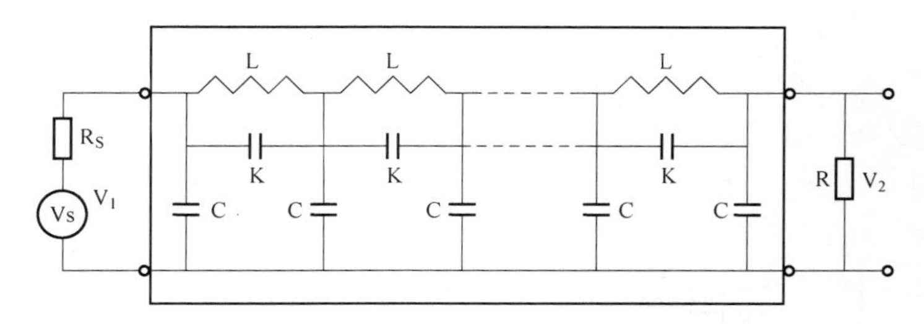

图 5-2 频率响应分析法的基本检测回路

八、试验接线

1. 实物图（见图 5-3）

图 5-3 主变压器实物图

2. 测量变压器绕组变形试验接线（见图 5-4）

在不同的频率下，输入一定的电压时，可以取得其响应电流值。在图 5-4 中频响分析仪输出电压为 30mV～3V，其频率可在选定范围内变化（10Hz～1MHz），此电压加到绕组中性点或线端上，在其他线端连接测量线，把信号（即响应）送回频响分析仪，并在记录仪上以频率为横坐标，以响应为纵坐标绘出频响曲线。当变压器制造完成后，其绕组内部结构便已确定，其分布参数 L、C 和频响曲线也已确定。当变压器绕组发生变形或位移时，则 L、

C将发生变化，其频响特性也发生变化。比较正常的和变形后曲线的重合程度，就可知道其变形情况。

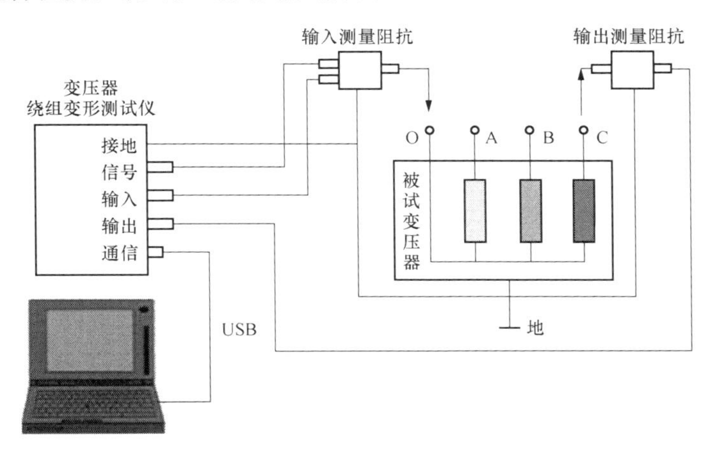

图 5-4 测量变压器绕组变形试验接线图

九、 试验步骤

（1）断开变压器有载分接开关、风冷电源，退出变压器本体保护等，将变压器各绕组接地充分放电，拆除或断开对外的一切连线。

（2）在笔记本电脑中建立本次测试数据存档路径并录入各种测量信息。

1）建立测量数据的存放路径应能够清晰反映被试变压器的安装位置、运行编号、测试日期等信息，以便于查找，防止数据丢失。

2）建立测试数据库，录入实验性质、变压器挡位、铭牌信息、环境温湿度、试验日期、试验人员等基本信息。

（3）对变压器的不同绕组，按表 5-2 进行测量，按测试仪器要求搭接试验接线，对变压器每一相绕组进行测量。

表 5-2　　变压器不同绕组测量表

变压器线圈接线方式	频响分析仪		变压器其他绕组
	输入端	输出端	
Y 或 D	U V W	V W U	开路
Yn	U V W	N N N	开路
单相变压器	U V W	X Y Z	开路

（4）测试完毕后将所测得的数据全部进行保存，以便对该变压器进行分析。

十、 现场操作要点

（1）应保证测量阻抗的接线钳与套管线夹紧密接触。如果套管线夹上有导电膏或锈迹，必须使用纱布或干燥的棉布擦拭干净。各相的搭接位置应相同。在测试时，必须具有一套相对固定的测试方法。

（2）测试时应确认周边无大型用电设备干扰试验电源，测试地点周边若有电视、手机、广播发射基站也可能会严重影响测量结果。

（3）变压器铁芯必须与外壳可靠接地。测试仪外壳、测量阻抗外壳必须与变压器外壳可靠接地。

（4）测试时要注意信号源位置的影响，U 端输入、N 端输出与 N 端输入、U 端输出的曲线是不同的。

（5）在测量时，对于有平衡绕组的变压器应将平衡绕组接地断开。

（6）测试时必须正确记录分接开关的位置。应尽可能将被测试变压器的分接开关放置在第1分接，特别对有载调压变压器，以获取较全面的绕组信息。对无载调压变压器，应保证每次测量在同一分接位置，便于比较。

（7）绕组变形测试应在解开变压器所有引线的前提下进行，并使这些引线尽可能地远离变压器套管（周围接地体和金属悬浮物需离开变压器套管20cm以上），尤其是与封闭母线连接的变压器。

（8）测试仪的接地没有连接正确前，不要开始绕组变形测试。

（9）绕组变形测试应放在直流类试验之前或交流类试验之后。

（10）试验中如变压器三相频响特性不一致，应检查设备后测试，直至同一相两次试验结果一致。

十一、测试结果分析与报告编写

1. 试验标准及要求（见表5-3）

表5-3　试验标准及要求

绕组变形程度	相关系数 R	绕组变形程度	相关系数 R
严重变形	$R_{LF}<0.6$	轻度变形	$1.0\leqslant R_{LF}<2.0$ 或 $0.6\leqslant R_{MF}<1.0$
明显变形	$0.6\leqslant R_{LF}<1.0$ 或 $R_{MF}<0.6$	正常绕组	$R_{LF}\geqslant 2.0$ 和 $R_{MF}\geqslant 1.0$ 和 $R_{HF}\geqslant 0.6$

2. 测试报告的编写

（1）初次测量，测试曲线用于存档。试验报告应有变压器各相测试曲线图、变压器铭牌、测试时变压器挡位、温度、湿度、试验人员、试验日期等，还应注明本次测试数据用于存档字样，若测试过程中某些无法改变的特殊情况也应在备注栏中写明。

（2）非初次测量。试验报告应有变压器各相本次及上一次的测试曲线、两次测量曲线的相关系数值、试验结论、变压器铭牌、测试时变压器挡位、温度、湿度、试验人员、试验日期和特殊情况的说明。

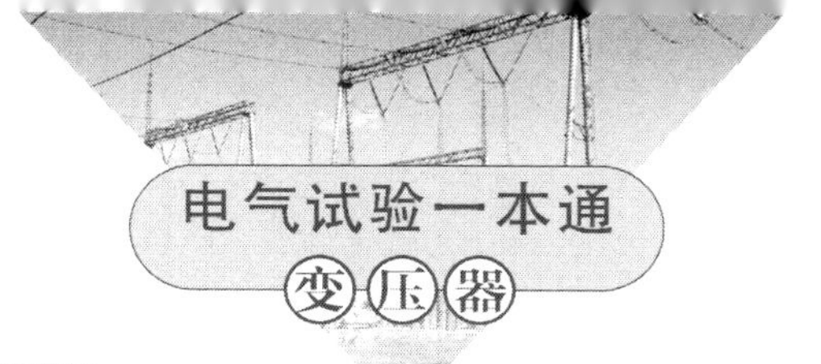

第六章 变压器绕组介质损耗 tan δ 及电容量试验

一、 测试依据

1.《国家电网公司电力安全工作规程　变电部分》（Q/GDW 1799.1—2013）

2.《输变电设备状态检修试验规程》（Q/GDW 1168—2013）

3.《电气装置安装工程电气设备交接试验标准》（GB 50150—2016）

二、 测试标准

1. 例行试验

（1）基准周期：220kV 及以上为 3 年。

（2）标准要求：

1）330kV 及以上：≤0.005（注意值）。

2）110（66）～220kV：≤0.008（注意值）。

3）35kV 及以下：≤0.015（注意值）。

2. 交接试验

标准要求如下：

（1）当变压器电压等级为 35kV 及以上且容量在 8000kVA 及以上时，应测量介质损耗角正切值 tanδ。

（2）被测绕组的 tanδ 值不应大于产品出厂试验值的 130%。

（3）当测量时的温度与产品出厂试验温度不符合时，可按表 6 - 1 换算到同一温度时的数值进行比较。

表 6-1　　介质损耗角正切值 tanδ（%）温度换算系数

温度差 K	5	10	15	20	25	30	35	40	45	50
换算系数 A	1.15	1.3	1.5	1.7	1.9	2.2	2.5	2.9	3.3	3.7

注　1. K 为实测温度减去 20℃的绝对值。
2. 测量温度以上层的温度为准。
3. 进行较大的温度换算且试验结果超过上述 2 的规定时，应进行综合分析判断。

三、 试验目的

测试变压器绕组连同套管的介质损耗角正切值 tanδ 的目的主要是检查变压器是否受潮、绝缘油及纸是否劣化、绕组上是否附着油泥及存在严重局部缺陷等。它是判断变压器绝缘状态的一种较有效的手段，近年来随着变压器绕组变形测试的开展，测量变压器绕组的 tanδ 及电容量可以作为绕组变形判断的辅助手段之一。

四、 试验准备

（1）了解被试设备现场情况及试验条件。

（2）查阅相关技术资料，包括该设备历年试验数据等，掌握该设备运行及缺陷情况。

（3）测试仪器、设备准备。

（4）介损测试仪、测试线、万用表、温（湿）度计、接地线、安全帽、安全带、电工常用工具、试验临时安全遮栏、电源盘。

（5）办理工作票并做好试验现场安全和技术措施。

（6）工作负责人向试验人员交代工作内容、带电部位、现场安全措施、现场作业危险点等，明确人员分工及试验程序。

五、 测试仪器的选择

选择 AI-6000E 介质损耗测试仪（见图 6-1），选用 220V 试验电源，选用 10kV、反接线模式测量变压器高、中、低压绕组介质损耗角正切值 tanδ 及电容量，选用 10kV、正接线模式测量变压器套管的介质损耗角正切值 tanδ 及电容量。

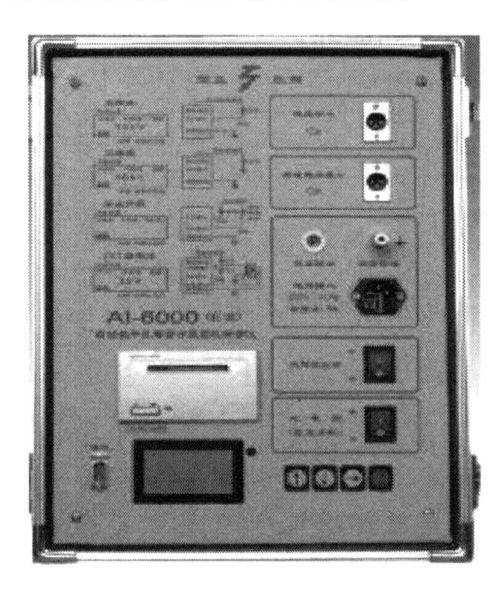

图 6-1 AI-6000E 介质损耗测试仪面板图

六、 危险点分析与预控措施

1. 防止高处坠落

(1) 应使用变压器专用爬梯上、下，在变压器上作业应系好安全带。

(2) 对 110kV 变压器，需解开高压套管引线时，宜使用高空作业车，严禁徒手攀爬变压器高压套管。

2. 防止高处落物伤人

高处作业，上、下传递物件应用绳索挂牢传递，严禁抛掷。

3. 防止工作人员触电

4. 预控措施

(1) 拆、接试验接线前，应将被试设备对地放电。

(2) 加压前应与检修负责人协调，不允许有交叉作业。

(3) 工作人员应与带电部位保持足够的安全距离。

（4）试验仪器的金属外壳应可靠接地，试验结束后先断开高压电源，然后断开试验电源。

七、 测试原理和试验接线

1．原理接线图

变压器绕组介质损耗 tanδ 和电容量测试原理接线如图 6－2 所示。

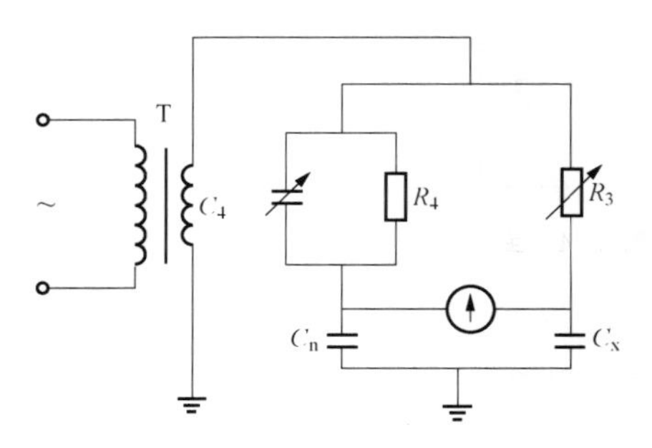

图 6－2　变压器绕组介质损耗 tanδ 和电容量测试原理接线图

2．测试接线图

变压器绕组介质损耗 tanδ 和电容量测试接线如图 6－3 所示。

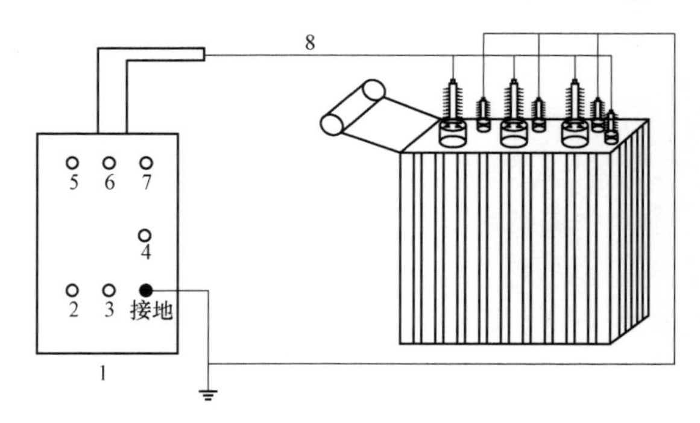

图 6－3　变压器绕组介质损耗 tanδ 和电容量测试接线图

1—介损测试仪；2—总电源开关；3—内高压允许开关；4—测量开关；5—标准电容输入；6—高压输出；7—试品输入；8—高压芯线

八、试验接线

主变压器高压侧反接法介质损耗接线如图 6-4 所示。

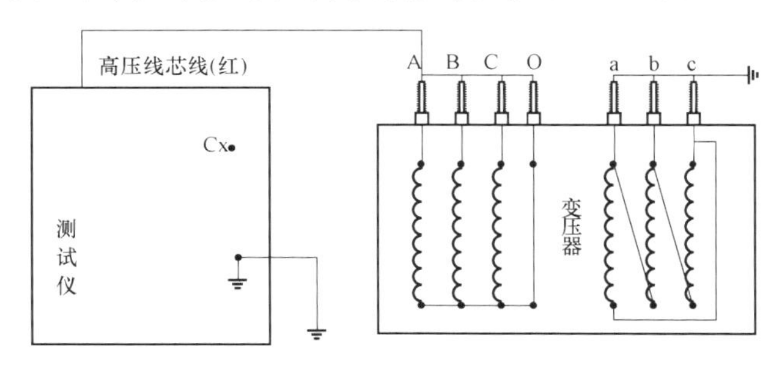

图 6-4 主变压器高压侧反接法介质损耗接线图

九、试验步骤

(1) 拆除或断开变压器对外的一切连线。在测量 tanδ 前，测试变压器各侧绕组及绕组对地间的绝缘电阻，应正常。

(2) 接取试验电源，用万用表测量试验电源电压，应为 220V。

(3) 将接地线的一端接在地网上，另一端可靠地接与仪器面板的接地螺栓上，且地网的接地点应具有良好的导电性，否则会影响测量的正确性，甚至危及人身安全。

(4) 被测试变压器的测试端三相用裸铜线短接，非被测试端三相短路与变压器外壳连接后接地。确认接线无误后，开始试验，将电压升至试验电压，严格按照测试仪器步骤进行。

(5) 测试结束，恢复设备接线，并确保现场无遗留物。

十、现场操作要点

(1) 测试应在天气良好、试品及环境温度 5℃以上、湿度 80%

以下的条件下进行。必要时可对被试变压器外瓷套表面进行清洁或干燥处理。

（2）测量温度以变压器上层油温为准，尽量是每次测量的温度相近，且应在变压器上层油温低于 50℃时测量，不同温度下的 tanδ 值应换算到同一温度下进行比较。

（3）当测量回路引线较长时，有可能产生较大的误差，因此必须尽量缩短引线。

（4）试验时被测试变压器的每个绕组分别相应短接。当绕组中有中性点引出线时，也应与三相一起短接，否则可能使测量误差增大。

（5）现场测量存在电场和磁场干扰时，应采取相应措施进行消除。

（6）试验电压的选择。变压器绕组额定电压为 10kV 及以上者，施加电压应为 10kV；绕组额定电压为 10kV 以下者，施加电压为绕组额定电压。

十一、 测试结果分析及测试报告编写

1. 测试标准及要求

根据 Q/GDW 1168《输变电设备状态检修试验规程》的规定。

（1）在例行试验时，变压器绕组连同套管介质损耗角正切值 tanδ（%）的值应不大于表 6 - 2 的规定。

表 6 - 2　　变压器绕组 20℃时 tanδ（%）最高允许值

高压绕组电压等级（kV）	tanδ（%）	高压绕组电压等级（kV）	tanδ（%）
330～500	0.5	35 及以下	1.5
66～220	0.8		

注　tanδ 值与历年的数相比较不应有较大变化，一般不大于 30%，统一变压器绕组的 tanδ 要求值相同。

（2）在试验接线时，变压器绕组连同套管介质损耗角正切值 tanδ（%）的值应不大于表 6 - 3 的规定。

表 6 - 3　　变压器绕组连同套管介质损耗角正切值 tanδ（%）最高允许值

高压绕组电压	温	度						
等级	5℃	10℃	20℃	30℃	40℃	50℃	60℃	70℃
35kV 及以下	1.3	1.5	2.0	2.6	3.5	4.5	6.0	8.0
35～220kV	1.0	1.2	1.5	2.0	2.6	3.5	4.5	6.0
330～500kV	0.7	0.8	1.0	1.3	1.7	2.2	2.9	3.8

2. 测试报告编写

编写报告时项目要齐全，包括测试人员、天气情况、环境温度、环境湿度、设备运行编号（双重编号）、设备参数、试验性质（交接、检查、例行、诊断）、测试结果、试验结论、试验仪器名称型号及出厂编号，备注栏应写明其他需要注意的内容，如是否拆除引线等。变压器绕组介质损耗和电容量试验数据见表 6 - 4。

表 6 - 4　　变压器绕组介质损耗和电容量试验数

变电站			试验日期	—
运行编号			试验目的	
环境温度（℃）			环境湿度（%）	
设备型号				
额定容量（MVA）			额定电压（kV）	
生产厂家			接线组别	
出厂日期			出厂编号	
变压器油温（℃）				
绕组介质损耗和电容量				
项目	接线方式	电压（kV）	介质损耗 tanδ（%）	电容值（nF）
高 - 中、低及地				
中 - 高、低及地				
低 - 高、中及地				
高、中 - 低及地				
高、中、低 - 地				

续表

使用仪器	
备注	试验依据：Q/GDW 1168《输变电设备状态检修试验规程》
结论	
试验人员	
审核	

3. 试结果分析

（1）测试结果应换算到同一温度下进行比较，其值应不大于出厂试验值的1.3倍。一般可按式（6-1）进行换算，即

$$\tan\delta_1 = \tan\delta_2 \times 1.3^{(t_2-t_1)}/10 \tag{6-1}$$

式中 $\tan\delta_1$、$\tan\delta_2$——温度 t_1、t_2 时的 $\tan\delta$ 值。

（2）测试数据应与规程规定的标准、被试品历年测试的数据、同一台变压器各项绕组测试的数据、相同类型变压器测试的数据相比较，进行综合分析判断。

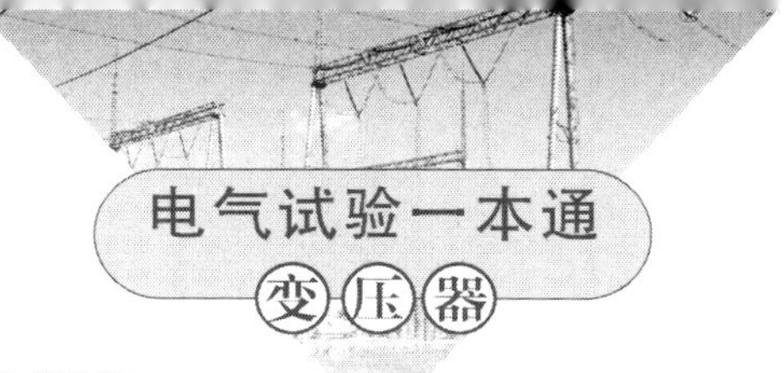

第七章 变压器高压套管介质损耗 tanδ及电容量试验

一、 测试依据

1.《国家电网公司电力安全工作规程 变电部分》（Q/GDW 1799.1— 2013）

2.《输变电设备状态检修试验规程》（Q/GDW 1168—2013）

3.《电气装置安装工程电气设备交接试验标准》（GB 50150—2016）

二、 测试标准

1. 例行试验

（1）基准周期：110（66）kV 及以上为 3 年。

（2）标准要求：

1）电容量初值差：≤±5%。

2）介质损耗因数 tanδ 满足表 7-1 要求。

表 7-1　　介质损耗因数满足要求

U_m（kV）	126/72.5	252/363	≥550
tanδ	≤0.01	≤0.008	≤0.007

注　聚四氟乙烯缠绕≤0.005。

2. 投产试验

标准要求：

（1）当末屏对地绝缘电阻小于 1000MΩ 时，应测量其 tanδ，不应大于 2%；油浸纸套管 tanδ（%）最大值为 0.7（当电压 U_m≥

500kV 时为 0.5）。

（2）电容型套管的实测电容量值与产品铭牌数值或出厂试验值相比，允许偏差应为±5%。

三、试验目的

测试变压器套管的介质损耗角正切值 tanδ 的目的主要是检查变压器套管是否有老化、受潮、开裂、污染等不良状况。它是判断变压器套管绝缘状态的一种较有效的手段。

四、试验前准备

1. 了解被试设备现场情况及试验条件

查阅相关技术资料，包括该设备出厂试验数据、历年试验数据及相关规程等，掌握该设备运行及缺陷情况。

2. 测试仪器、设备的准备

选择合适的被试变压器介损测试仪（AI-6000D、AI-6000E）、测试线（夹）、温（湿）度计、接地线、放电棒、万用表、电源盘（带漏电保护）、安全带、安全帽、电工常用工具、试验临时安全遮栏、标示牌等，并查阅测试仪器、设备及绝缘工器具的检定证书有效期。

3. 办理工作票并做好试验现场安全和技术措施

工作负责人向试验人员交代工作内容、带电部位、现场安全措施、现场作业危险点，明确人员分工及试验程序。

五、测试仪器选择

选择 AI-6000E 系列介损仪如图 7-1 所示。

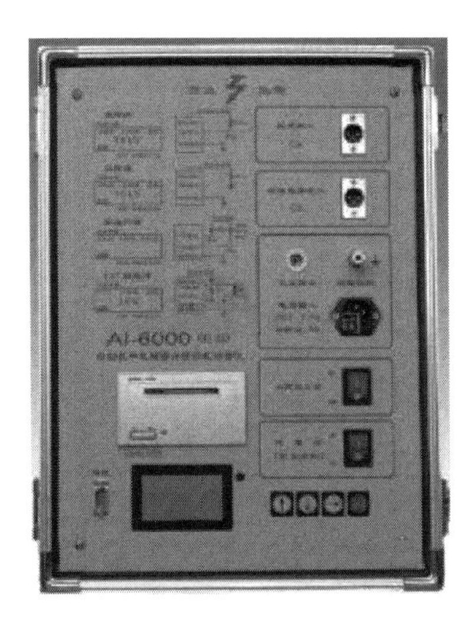

图 7-1 AI-6000E 面板图

六、 危险点分析与预防措施

1. 防止高处坠落

应使用变压器专用爬梯上、下，在变压器上作业系好安全带。对 110kV 及以上变压器，需解开高压套管引线时，宜使用高空作业车，严禁徒手攀爬变压器高压套管。

2. 防止高处落物伤人

高处作业应使用工具袋，上、下传递物件应使用绳索拴牢传递，严禁抛掷。

3. 防止工作人员触电

拆、接试验接线前，应将被试设备对地充分放电；在充、放电过程中，严禁人员触及变压器套管金属部分；测量引线要连接牢固，试验仪器的金属外壳应可靠接地。

七、 测试原理

1. 试验原理图（见图 7-2）
2. 接线图（见图 7-3）

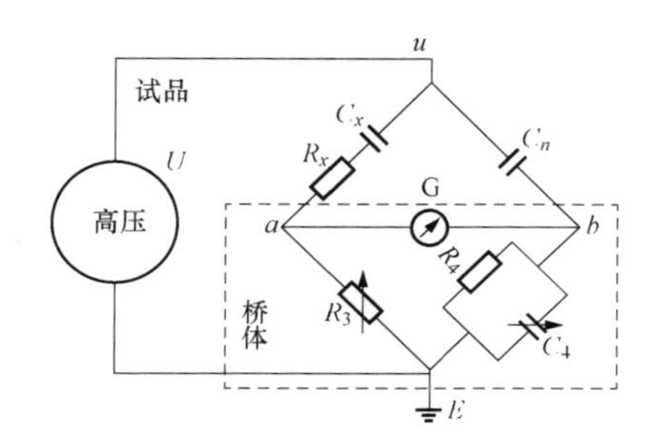

图 7-2 测试原理图

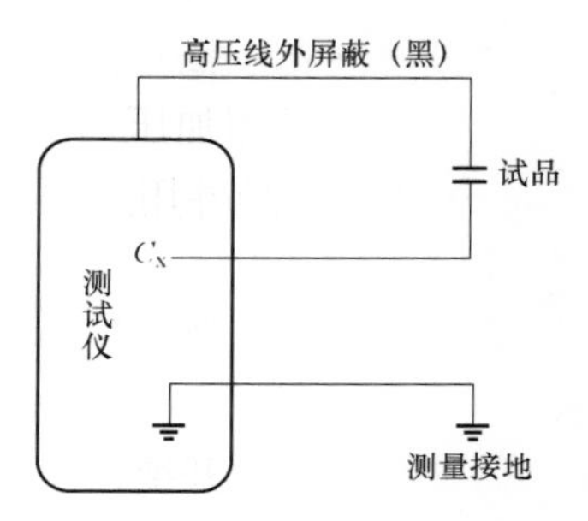

图 7-3 正接法接线图

八、 试验接线

（1）主变压器套管实物如图 7-4 所示。
（2）套管介损测试连线如图 7-5 所示。

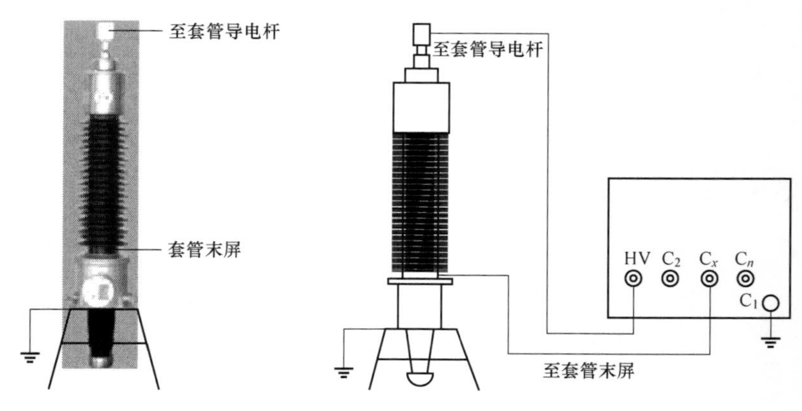

图 7-4 主变压器套管实物图

图 7-5 套管介损测试连线图

(3) 现场的干扰主要是电场及磁场干扰，电场干扰主要是外界带电部分通过电桥臂耦合产生电流流入测量臂；磁场干扰主要是对桥体本身的感应，随着电磁屏蔽技术的发展，这一干扰可以利用桥体的磁屏蔽层消除。现场进行介质损耗测量时抑制干扰的方法很多，常用的有屏蔽法、移相法、倒相法。测试主变压器高压套管时采用正接法，高压侧高端短接，其他侧短路接地，高压套管测试相高压侧加压，末屏取信号，其他相末屏接地，试验合格后恢复末屏接地并用万用表验证接地良好。

九、 试验步骤

(1) 拆除或断开变压器对外的一切连线。在测量 $\tan\delta$ 前，测试变压器套管各侧主绝缘、末屏的绝缘电阻大于 1000MΩ，应正常。

(2) 接取试验电源，用万用表测量试验电源电压，应为 220V。

(3) 将接地线的一端接在地网上，另一端可靠地接于仪器面板的接地螺栓上，且地网的接地点应具有良好的导电性，否则会影响测量的正确性，甚至危及人身安全。

(4) 按照接线图进行接线，被试变压器的测试端三相用裸铜线短接，非被试端三相短路与变压器外壳连接后接地，测试相末屏与仪器 C_x 相连，确认接线无误后，打开介损测试仪，选择合适的测试方法和电压（选正接法、10kV）进行测量，等待电压回落后，读取电容量和 $\tan\delta$。

(5) 测试完毕后进行放电，恢复变压器套管末屏和引线，整理试验现场环境。

十、 现场操作要点

(1) 测试应在天气良好、试品及环境温度在＋5℃以上、湿度80％以下的条件下进行。

（2）必要时可对被试变压器套管外瓷套表面进行清洁或干燥处理。

（3）测量温度以变压器上层油温为准，尽量是每次测量的温度相近，且应在变压器上层油温低于50℃时测量，不同温度下的 $\tan\delta$ 值应换算到同一温度下进行比较。

（4）当测量回路引线较长时，有可能产生较大的误差，因此必须尽量缩短引线。

（5）试验时被试变压器的每个绕组各相应短接。当绕组中有中性点引出线时，也应与三相一起短接，否则可能使测量误差增大。

（6）现场测量存在电场和磁场干扰时，应采取相应措施进行消除。

（7）试验电压的选择。变压器套管额定电压为10kV及以上者，施加电压应为10kV；套管额定电压为10kV以下者，施加电压为绕组额定电压。

十一、 测试结果分析与报告编写

1. 标准要求

（1）电容量初值差小于或等于±5%。

（2）介质损耗因数 $\tan\delta$ 满足表7-2的要求。

表7-2 介质损耗因数标准

U_m（kV）	126/72.5	252/363	≥550
$\tan\delta$	≤0.01	≤0.008	≤0.007

注 聚四氟乙烯缠绕≤0.005。

2. 测试报告的编写

编写报告时项目要齐全，包括测试人员、天气情况、环境温度、环境湿度、设备运行编号（双重编号）、设备参数、试验性质、测试结果、试验结论、试验仪器名称型号及出厂编号，备注栏应写明其他需要注意的内容，如是否拆除引线等。

第八章 变压器变比试验

一、 测试依据

1.《国家电网公司电力安全工作规程 变电部分》(Q/GDW 1799.1— 2013)

2.《输变电设备状态检修试验规程》(Q/GDW 1168—2013)

3.《电气装置安装工程电气设备交接试验标准》(GB 50150—2016)

二、 测试标准

1. 诊断性试验

标准要求如下:

绕组各分接位置电压比初值差不超过±0.5%(额定分接位置)、电压比初值差不超过±1.0%。

2. 交接试验

标准要求如下:

(1) 检查所有分接的电压比,应符合电压比的规律。

(2) 与制造厂铭牌数据相比,应符合下列规定:电压等级在35kV以下,电压比小于3的变压器电压比允许偏差应为±1%;其他所有变压器额定分接下电压比允许偏差不应超过±0.5%;其他分接的变压器的电压比应在变压器阻抗电压值的1/10以内,且允许偏差应为±1%。

三、 试验目的

变压器的绕组间存在着极性、变比关系,当需要几个绕组互相连接时，必须知道极性才能正确地进行连接。而变压器变比、接线组别不一致，将出现不能允许的环流。因此，变压器在出厂试验时，检查变压器变比、极性、接线组别的目的在于检验绕组匝数、引线及分接引线的连接、分接开关位置及各出线端子标志的正确性。对于安装后的变压器，主要是检查分接开关位置及各出线端子标志与变压器铭牌相比是否正确；当变压器发生故障后，检查变压器是否存在匝间短路等。

四、 试验前准备

1. 了解被试设备现场情况及试验条件

查阅相关技术资料，包括该设备出厂试验数据、历年试验数据及相关规程等，掌握该设备运行及缺陷情况。

2. 测试仪器、设备准备

选择合适的被试变压器测试仪 L5261、测试线（夹）、温（湿）度计、接地线、放电棒、万用表、电源盘（带漏电保护器）、安全带、安全帽、电工常用工具、试验临时安全遮栏、标示牌等，并查阅试验仪器、设备及绝缘工器具的检定证书有效期、相关技术资料、相关规程等。

五、 测试仪器选择

根据对变压器变比、极性、接线组别试验的要求，测试仪器、仪表应能满足测量接线方式、测试电压、测试准确度等，因此需对测试仪器的主要参数进行选择。

（1）仪表的准确度不应低于 0.5 级。

（2）电压表的引线截面积不小于 $1.5mm^2$。

（3）自动测试仪要求有高精度和高输入阻抗。这样仪器在错误工作状态下能显示错误信息，数据的稳定性和抗干扰性能良好，一次、二次信号同步采样。常用仪器如图 8-1 所示。

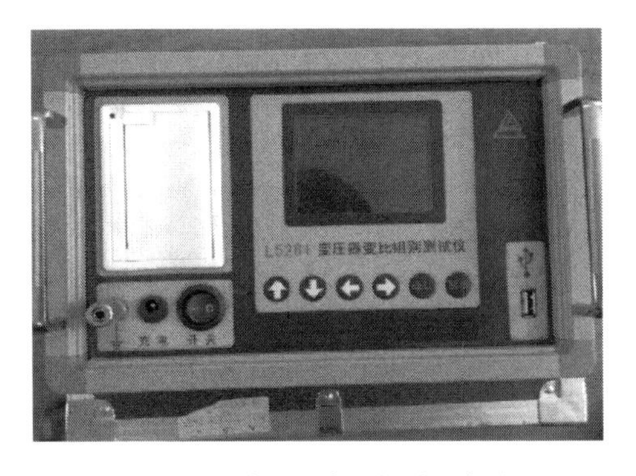

图 8-1 变压器变比组别测试器

六、危险点分析与预防措施

1. 防止高处坠落

使用变压器专用爬梯上下，在变压器上作业应系好安全带。对 110kV 及以上变压器，需解开高压套管引线时，宜使用高处作业车，并系好安全带，严禁徒手攀爬变压器高压套管。

2. 防止高处落物伤人

高处作业宜使用工具袋，上下传递物件用绳索拴牢传递，严禁抛掷。

3. 防止作业人员触电

在测试过程中，拉、合开关的瞬间，注意不要用手触及绕组的端头，以防触电。严格执行操作顺序，在测量时要先接通测量回路，然后接通电源回路。读完数后，要先断开电源回路，然后断开测量回路，以避免反向感应电动势伤及试验人员，损坏测试仪器。

七、测试原理

电桥测量变压器变比、极性、接线组别试验原理接线图如图

8 - 2 所示。

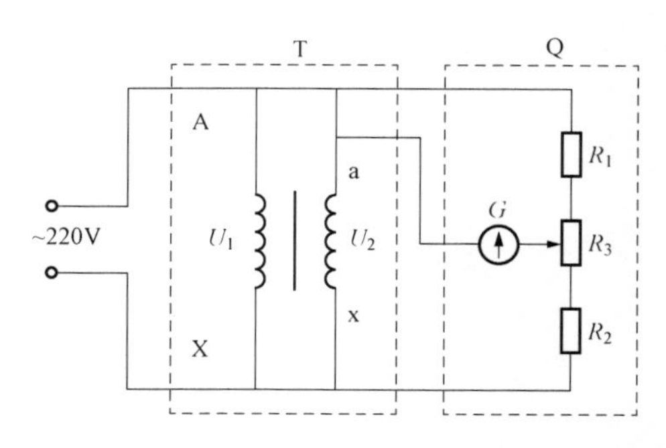

图 8 - 2　QJ - 34 型电桥测量变压器变比、极性、接线组别试验原理接线图

八、 试验接线

（1）变压器变比、极性、接线组别测试接线图如图 8 - 3 所示。

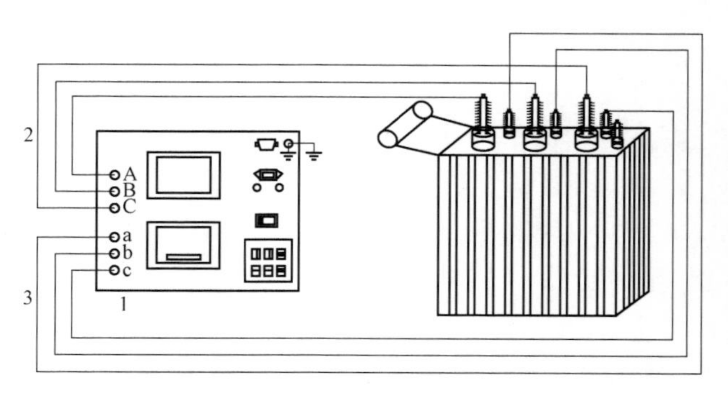

图 8 - 3　变压器变比测试接线图

1—变比综合测试仪；2—高压侧接线；3—低压侧接线

（2）选用仪器如图 8 - 4 所示，仪器输出接线图如图 8 - 5 所示。

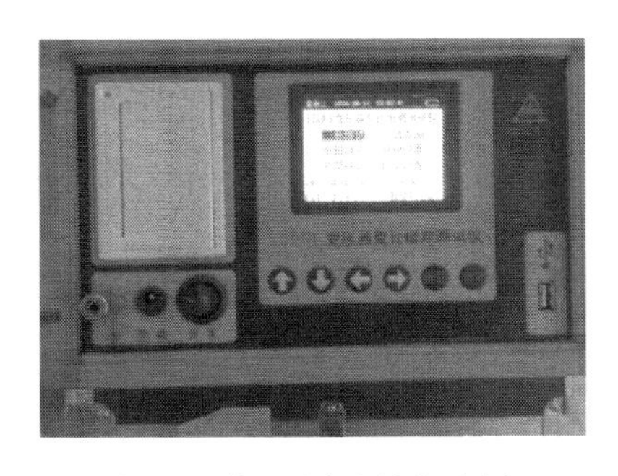

图 8-4 变压器变比综合测试仪

图 8-5 变压器变比测试仪输出接线图

九、 试验步骤

（1）关掉仪器的电源开关，将仪器的“A、B、C、a、b、c”端子分别与变压器的“A、B、C、a、b、c”端子相连，变压器的中性点不接仪器，不接大地。接好仪器地线。将电源线一端插进仪器面板上的电源插座，另一端与交流 220V 电源相连。（注意：切勿将变压器的高低压接反!）

（2）打开仪器的电源开关，稍后液晶屏上出现主菜单，根据屏上的显示进行接法设置、标准变比设置和调压比设置，如果变压器有挡位，这里设定的标准变比，是中间挡的标准变比。调压比的设置方法和标准变比的设置方法相同，如果有挡位，按实际值设定；反之，设定为 0.00％。

（3）开机预热 5min 后，选择“开始数据测量”。每次测量后，仪器自动保存数据，最多保存 30 个数据，超过 30 个数据后，本次数据存入，第一次数据清除，即先进先出。第一行左边显示本次数据在历史数据中的位置，右边显示历史数据的个数。第二行为组别。第三行左边为 AB 相的变比，第三行右边为 AB 相的相对误差，以此类推。如果实测变比的相对误差大于 10％，显示“＞10％”；如果实测变比的相对误差小于－10％，显示“＜－10％”。

十、现场操作要点及试验注意事项

（1）接测试线前必须对变压器进行充分放电。

（2）试验电源应与使用仪器的工作电源相同。

（3）接测试线时必须知晓变压器的极性或接线组别。

（4）测量操作顺序必须按仪器的说明书进行，连接线要保持接触良好，仪器应良好接地。

（5）试验电源一般应施加在变压器高压侧，在低压侧进行测量。当变压器变比较大或容量较小时，可将试验电源加在变压器的低压侧，高压侧电压经互感器测量。互感器准确度不应低于0.5级。

（6）变压器需换挡测量时，必须停止测量，再进行切换。

十一、测试结果分析与报告编写

1. 测试标准及要求（见表8-1）

表8-1　测试标准及要求

诊断性试验项目	要　　求
绕组各分接位置电压比	初值差≤±0.5%（额定分接位置，警示值）
	初值差≤±1.0%（其他，警示值）

注　本表摘自Q/GDW 1168《输变电设备状态检修试验规程》。

2. 测试报告编写

编写报告时项目要齐全，包括测试人员、天气情况、环境温度、环境湿度、设备双重命名、设备参数、试验性质（交接、检查、例行、诊断）、测试结果、试验结论、试验仪器名称型号及出厂编号，备注栏应写明其他需要注意的内容，如是否拆除引线等。

变压器变比测试数据见表8-2。

表 8-2 变压器变比测试数据

高压绕组		低压绕组（V）	计算变比值	电压比误差（%）		
分接位置	电压（V）			AB/ab	BC/bc	CA/ca